未来能源 让世界动起来

探索月球 神秘西强大

神奇地球 蔚蓝的家园

神秘机器人 了解越来越好帮手

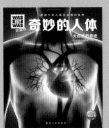
奇妙的人体 大自然的杰作

深海之谜 生机勃勃的黑暗国度

太空之旅 深入宇宙的探险

走进热带雨林 地球的绿色宝藏

宇宙中的星体 打开探索宇宙的大门

伟大的发明 天才与灵感的杰作

神奇的火车 动载奔驰向未来

沙漠之旅 围绕，探测秘无尽的远方

显微镜探秘 肉眼看不见的微小世界

野生动物 从未被驯服的野性

奇趣萌宠 人类的好朋友

鸟类不简单 天空中的杂技演员

神秘的古埃及 尼罗河畔的金色帝国

印第安人 北美原住民

伟大的探险家 跟随他们的脚步，探索全世界

未来世界 一切尽在变化之中

蛇的故事 拥有敏锐感官的猎手

考古探秘 发现历史的宝藏

马的生活 人类忠实的伙伴

舞蹈的魅力 含拍起舞

生物质资源 植物动物引领未来

石器时代 火的控制与使用

第一辑·全10册

第二辑·全10册

第三辑·全10册

第四辑·全10册

第五辑·全10册

第六辑·全10册

第七辑·全8册

WAS IST WAS

学习源自好奇 科学改

U0332673

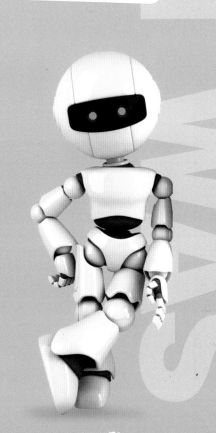

德 国 少 年 儿 童 百 科 知 识 全 书

海洋之谜

海洋研究与保护

[德]弗洛里安·胡博　　[德]乌里·昆斯 / 著　　马佳欣　梁进杰 / 译

长江出版传媒　｜　长江少年儿童出版社

方便区分出
不同的主题！

真相
大搜查

12 人类对海洋的探索已有数千年历史。今天，海路运输依然是我们最重要的国际商业贸易路线。

符号▶代表内容
特别有趣！

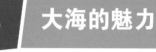

4 大海的魅力

- 4 下潜至世界尽头
- 6 海洋的诞生
- 8 地球上的海洋
- 10 海怪和脾气暴躁的神灵
- 12 人类与海洋
- ▶ 14 海洋科考

21 五颜六色的珊瑚礁和广阔茂密的海底森林，一起了解一下海底的各种栖息地吧！

16 海洋学

- 16 海的味道
- 18 洋流——大洋传输带
- 20 浅海地区
- 22 深海——生机勃勃的黑暗国度
- 24 远离海岸的水域——公海
- 26 海底世界

24 一望无际的海上，各种动物的迁徙之旅在轮番上演，这两头座头鲸就是迁徙大军的成员。那么，公海属于这些海洋动物吗？

30 快来印度洋的潜水天堂吧，这里有梦幻般的岛屿和迷人的海底世界！

28 / **地球上的海洋**

28 大西洋
30 印度洋
32 太平洋
34 极地海洋
▶ 36 稀奇古怪的海洋生物

38 / **危险与机遇**

38 处于危险之中的海洋
40 气候变化——无形的威胁
42 来自海洋的危险
▶ **44 保护海洋**
46 海洋的未来

46 你听说过海上漂浮城市吗？如果海平面继续上升，这就是未来城市的样子。

海洋里是不该有塑料的！

48 / **名词解释**

重要名词解释！

38 什么是微塑料？是什么在污染海洋？

下潜至世界尽头

弗洛里安·胡博
水下考古学家

乌里·昆斯
海洋生物学家

启程啦！随着小船突然的强烈摆动，乌里和弗洛里安从小船边缘慢慢向后倾斜，"啪"的一声跃入温暖的水中。他们曲起拇指和食指给对方比画潜水员常用的"OK"手势。随后，他们便沉入了茫茫无际、深不见底的蓝色太平洋。这两名科研潜水员在密克罗尼西亚群岛之间潜行，更准确地说他们是在前往楚克环礁。第二次世界大战期间，美国人于 1944 年在这里击沉过几十艘日本船只。

乌里和弗洛里安这次潜水是想更加仔细地观察一下沉船。乌里是海洋生物学家兼摄影师，而弗洛里安则是水下考古学家。早在孩提时代，他们俩就为大海着迷。

密克罗尼西亚群岛

这个群岛由 2000 多个小岛屿和环礁组成，它们散布在西太平洋 700 多万平方千米的海域上。

沉船残骸

乌里和弗洛里安下潜得越来越深。在最初的 20 米内，他们只看到了蓝色。两人继续下潜，终于，一艘长达 100 多米的巨型沉船——"旧金山马鲁号"的轮廓隐隐约约出现了，它正静静地躺在沙质的海底。继续下潜 45 米后，乌里和弗洛里安到达舰楼——船长曾经站立过的地方。他们慢慢地潜到主甲板上，那里还停着一辆完整的坦克。不过，坦克身上已经长满了珊瑚。

神秘的船舱

两人继续往前划了几下，然后消失在一个大舱门里。突然，四周变得比之前更昏暗了，弗洛里安打开了潜水手电筒。他在船舱里慢慢地来回游动，想看看下面有什么东西。整个船舱装满了各种弹药。在寂静的海底，这里仿佛随时都会有幽灵出现，让人惴惴不安。此外，船舱里还四处散落着一些旧飞机发动机和旧汽油桶。有些汽油桶已经完全坏掉了，但大多数 200 升容量的汽油桶都幸运地保存了下来，几乎完好如初。

饱受威胁的天堂

弗洛里安负责采集水样，乌里正在拍摄生锈的汽油桶。他们想用这些亲自收集到的证据向世人证明：海洋遭受的环境威胁日益严重，保护海洋已经迫在眉睫。海底埋葬了数百万艘沉船，仅第二次世界大战期间，就有数千艘舰船沉入海底，这些残骸正躺在海洋中生锈，船中可能还装有一些危险物品。如今，许多沉船杂草丛生，成了无数鱼类和其他海洋生物的家园。这些沉船远看非常华丽宏伟，令人印象深刻，但事实上它们是不定时的炸弹，不知道在哪个时刻，这些沉船就会在自重的作用下，崩塌瓦解，四分五裂。随后，船舱里的弹药、汽油等可能就会扩散到海洋中，对海洋环境造成严重破坏。

重返光明

乌里看了看他的潜水电脑表，给弗洛里安发送了一个信号。现在，两位潜水员该上浮了。上浮到水下 5 米深的地方，他们做了一次安全停靠，这时一头乌翅真鲨游了过来，好奇地在两人身边转圈圈。乌翅真鲨和白鳍鲨都是太平洋浅海珊瑚礁水域中的常见物种。当乌里和弗洛里安看到这头海洋精灵时，他们不禁会想：如果沉船最终倒塌，里面的东西溢散到海洋中，这头乌翅真鲨和它的同伴们会怎样？

温和的猎人

乌翅真鲨身长可达两米，它最喜欢的食物是鱼。

沉船内部

弗洛里安和乌里潜入巨大的沉船内部 ⓐ，借助水下摄影机记录他们在船舱中的发现——旧汽油桶 ⓑ。

◀ 坦 克

海洋的诞生

当你站在岸边远眺海面时，只能看到几千米远，能看到最远的地方便是海平线了。海的尽头到底在哪里？即使乘船出海，你也很难找到海的尽头。对生活在地球上的人类来说，海洋实在是太大了。只有从太空观察地球时，人们才能清楚地看到海洋的大小。事实上我们所在的星球被称为"地球"是不准确的，称它为"水球"或"海球"其实更合适，因为地球约71%的表面都被海水覆盖着！

水蒸气和雨

地球上这么多的水是从哪里来的呢？如今，人们对地球的了解已经比历史上任何一个时刻都要深刻，但就这个问题人们还没找到准确的答案。当然，这也是因为海洋的诞生要追溯到很久很久以前。46亿年前，一片巨大的由气体和尘埃构成的星云发生坍缩，最终形成了太阳和太阳系内的各大行星。有研究人员认为，这片星云之中就包含了氢和氧这两种形成水的元素，地球诞生时氢和氧发生化学反应形成了水。

刚诞生的地球处于熔融状态，所以地球表面的液态水便以水蒸气的形式逸出。当炎热的地球慢慢冷却下来，水蒸气就凝结成云，之后变成雨落下。这场大雨持续了很长时间！无数的水滴聚集在地球表面，最终形成了海洋。

来自外太空的水

也有研究者认为，地球上的大部分水来自外太空。许多彗星和小行星的含水量都很高。在地球形成的过程中，它们可能撞击过地球。此前对一些天体的研究表明，它们携带的水与地球上的水相似。但也有一些研究得出了与这一结论相反的结果。或许这个谜题永远都无法解开，但地球上巨大的海洋是实实在在存在的，今天依然清晰可见。大约在35亿年前，地球上最早的生物就在海洋中诞生了。当时，它们的身体结构还非常简单，仅仅由一个微小的细胞组成。但如果没有海洋，地球上的生命可能就永远都不会出现。

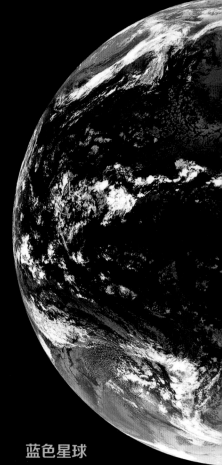

蓝色星球

这张照片是宇航员在太空中回望地球时所见的画面。我们只能在图中边缘处看到陆地，地球上大部分区域都被水覆盖着。

生命之火

地球刚诞生的数亿年间，都是一颗对生命充满敌意的星球。时不时发生的陨石撞击事件，全球各地的火山喷发事件，让地球表面温度很高，冷却速度又很慢，这对地球上的生命来说非常不友好。但或许也正是陨石撞击和火山喷发把水带到了地表，为生命的诞生奠定了基础。

泛大陆

　　大约 2 亿年前，所有的陆地都是彼此相连的。随着时间的推移，陆地又分裂开来，今天的各大陆就是泛大陆裂解的结果。

海底山脉

　　今天，地球内部的温度仍然很高，而且地球内部的物质仍处于熔融状态。地球上的各大板块其实就在这些熔融物质上不断地运动，就像热牛奶甜米布丁上晃动的大樱桃一样。板块运动中，海床会一次次撕裂开来。地下的液态岩浆就会借机渗透到地表，将大陆向外推出一段距离，然后慢慢冷却。通过这种方式，海底会形成一连串的山脉，这些海底山脉的高度可达几千米。海洋深处的地壳运动不仅会导致大陆的移动，同时还会导致海洋的扩张和收缩。大西洋是大约 1.5 亿年前形成的，其面积正随着时间的推移变得越来越大。而在地球另一边，当今最大的大洋——太平洋，其面积则在不断缩小。

洋中脊

最长的山脉

　　洋中脊是地球上最长的山脉，其延伸长度达数万千米。

　　海洋中最早的生物是单细胞生物，它们后来逐渐发展成为多细胞的复杂生物。如今我们能在书上看到这些数亿年前的古生物，是因为有些古生物的化石保存到了今天。有的古生物化石非常奇特，以至于科学家发现这些化石的时候，甚至分不清哪里是正面，哪里是背面。尤其是距今大约 5.42 亿至 4.95 亿年前的寒武纪，出现了许多地球上已经消失了的"新"物种。

怪诞虫

　　这是一只体形娇小的动物，体长 3 厘米左右。它的身体是细长状的，背部长满尖刺，它的腿又多又圆，看起来像触手。

马尔三叶形虫

　　这种节肢动物体形非常小，头部有大刺。它有许多小腿，能在水中自由游动，也能在海床上爬行。

奇虾

　　这种可怕的史前动物是位凶猛的捕食者，身长可达 2 米，用两只大螯捕捉猎物。奇虾的身体两侧分别有一排叶片，可以帮助它在海里平稳地游动。此外，它还有一双大大的眼睛，帮助它锁定猎物的位置。

地球上的海洋

大约71%的地球表面都被海洋覆盖，海洋被陆地分隔为彼此相通的广大水域。人们一般将海洋的中心部分称为"洋"，边缘部分称为"海"。世界大洋分为太平洋、大西洋、印度洋、北冰洋。各大洋主要在大小和深度上有所不同。此外，在盐度、波浪、潮汐、氧气含量和洋流方面，它们也各不相同。

北美洲

南美洲

大西洋

大西洋是地球上的第二大洋，面积仅次于太平洋。大西洋呈"S"形，以赤道为界被划分成北大西洋和南大西洋，北大西洋航线是世界海运最繁忙的航线。大西洋有许多属海，较为著名的有欧洲南部的地中海和中美洲的加勒比海。

太平洋

太平洋是地球上面积最大、最深和岛屿最多的大洋，且与其他大洋相通。太平洋中有巨大的洋底山脉，是世界大洋中脊的一部分。太平洋的属海有位于北美洲北部的阿拉斯加湾、澳大利亚东南岸的塔斯曼海等。

知识加油站

▶ 海洋按深度可以划分成5个水层。

▶ 海面至200米深处属于透光层，深度200米到1000米的位置是弱光层，1000米再往下到4000米处是深海层。

▶ 深度从4000米到6000米就是深渊层，深渊层的下方是超深渊层。

北冰洋

    北冰洋，又称"北极海"，位于北半球的最北端，大部分区域被冰层覆盖。作为世界上最小、最浅的洋，北冰洋也有一些属海，如挪威海、北美洲北部的波弗特海等。

欧 洲

亚 洲

太平洋

非 洲

印度洋

    印度洋是世界第三大洋，大部分区域位于南半球。印度洋的属海包括非洲东北部的红海、大洋洲南部的大澳大利亚湾。

大洋洲

南极洲

海怪和脾气暴躁的神灵

海洋一望无垠，神秘莫测，对于在其中嬉戏玩耍的生物，我们已经了解了很多。而生活在数百年前的人们，则对海洋知之甚少，因此他们对大海以及海中的生物无比畏惧。他们相信，世界上有统治着海洋的神灵，并且海洋里还住着很多怪物。

对未知事物的恐惧

古老的航海图上往往会标记出许多海怪的位置，警示出海的人们小心那些会攻击船只、吞噬水手的巨型怪物，那时的海洋中处处充斥着危险。许多航海家上岸后都曾讲述过航行中遇到的各种奇怪生物，他们的故事跌宕起伏，极富想象力。科学家猜测，那时的航海家在途中曾看到过一些当时未知的生物，如皇带鱼、鳐鱼、海蛇和大王乌贼。然后他们在给岸上的人们讲航海经历时，夸大了这些未知生物的形态和攻击力。于是，充满神秘色彩的各种"航海历险记"就诞生了，并流传了几个世纪。

塞 壬

希腊神话中的海妖塞壬拥有美妙的歌喉，据说只要塞壬开口唱歌，路过的船员就会被迷惑，之后塞壬就可以轻松将船只拖入海底。直到现在，塞壬的传说还在广泛传播。在英语中，塞壬一词还指警报声。

不可思议！

在大西洋上的加勒比海以北，坐落着一个传说中的魔鬼海域——百慕大三角区。那里经常出现船只和飞机神秘失踪事件。有人猜测是因为那里存在神秘的磁场，或者有外星人在搞恶作剧。然而，科学家们还未在这一区域发现任何异常情况。

太平洋　大西洋

米德加德大蛇

在维京人的传说中，米德加德大蛇很长，它用嘴衔着尾巴能环绕整个地球。所以维京人也把这个怪物叫作"尘世巨蟒"。相传，如果它松开尾巴在陆地上行走，世界就会毁灭。根据传说，如果它能环绕整个地球，那它的长度得超过4万千米！

米德加德大蛇 ➤

波塞冬

波塞冬是希腊神话中的海神。相传，他有一座水晶宫殿，位于海洋最深处。他巡海的时候会坐在一个巨大的贝壳里，由海马或者马头鱼尾兽拉着在海里穿行。波塞冬心情不好的时候，就会派出海怪兴风作浪，或挥舞他的三叉戟造成海啸，甚至海底地震，路过的船只很难幸免于难。因此，人们出海前总会向他祈祷，甚至会献上马匹等祭品，以求航程顺利平安。而当波塞冬心情好的时候，海面就会风平浪静，他还会创造出新的岛屿。波塞冬在罗马神话中也有出现，只是换了个名字，叫"尼普顿"。

海坊主

海坊主是日本传说中的海怪，因为长得像光头和尚，也被称为"海和尚"。相传，海坊主身躯庞大，有的甚至超过了10米！它们往往会在风平浪静的天气里突然出现在海上。如果出海的船夫遇上了海坊主，幸运的话或许能捡回一条命，不幸的话可能整条船被掀翻沉入大海。据说只有一种逃命方法，那就是送给海坊主一个无底洞。这会使它们产生困惑，船夫可以趁机快速逃走。

熙熙攘攘的海湾

巨大的游轮上载满了来自世界各地的游客，就像一座可移动的海上威尼斯。

人类与海洋

货 船

从前，人们驾驶着木材制成的帆船航海。而今天，400 米长的大货轮频繁地在海上穿行。

当第一个人类看到海洋后，人类就与海洋结下了不解之缘。海洋里面物种丰饶，还蕴藏着丰富的能源，能为人类带来诸多益处。所以，当今世界一半以上的人口都生活在沿海地区。但不幸的是，这也带来了一些问题。

航运与贸易

早在几千年前，人们就开始乘坐简易的木船出海捕鱼，甚至去探索异域。慢慢地，小船逐渐发展成大船，最终变成了今天各种庞大复杂的船只。2000 多年前，罗马人统治了地中海。公元 793 年，维京人驾驶着灵活轻便的维京战船袭击了英格兰。中世纪时期，汉萨同盟的商人依托他们的海运优势建立了一个庞大的贸易网络。现

代造船业是从 19 世纪初发展起来的，铁质船舶就是自那时问世的。从古至今，海上贸易路线一直是非常重要的商业贸易路线。如今，海路运输是国际贸易最主要的运输方式，约 90%的货物都是通过船舶运送到世界各地的，陆路运输、空中运输的体量跟海路运输的体量是无法相提并论的！远洋巨轮能把机器、石油、煤炭、矿石和谷物输送到世界各地。通过巨大的集装箱，衣服、食物和电器能从一个大陆到达另一个大陆。如今，每天都有数万艘不同大小的船只在世界各大洋中航行。

旅游业与海洋环境

对许多人来说，海边度假能让自己的身体和心情得到放松。地中海是世界上最受欢迎的度假胜地之一。在那里，游客可以体验多种多样的海上运动，包括游泳、潜水、钓鱼、划船、冲浪等，或者干脆就躺在沙滩上晒晒太阳，静

不可思议！

全世界大约有 300 万艘沉船，沉没在海洋、河流和湖泊中。它们证明，自石器时代以来，人类一直在水上活动着，或是探索水域，或是进行贸易等。

静地听听海浪的声音。

但想去地中海度假的游客实在是太多了，所以那里经常人满为患。每年有将近 3 亿人涌向克罗地亚和土耳其的海滩。蜂拥而至的人们挤满了海滩附近的酒店，抢不到这些酒店的游客甚至还要住到相邻的城市去，后果就是游客制造了大量垃圾，这些垃圾遍布沿海区域，海岸附近的动植物也因此受到影响。

捕鱼业与海洋资源

几个世纪以来，我们都相信，海洋资源是取之不尽、用之不竭的。那时地球上的人口还没有今天这么多，所以这个观点还算正确。但是今天，居住在这个星球上的人口数量已经达到 80 亿。所有人都需要食物，其中许多人喜欢吃鱼。因此，随着时间的推移，我们对鱼肉的需求在不断增长。如今世界上约 90% 的鱼

类资源已经处于捕捞过度状态，或捕捞量已经达到最大限度。捕捞过度意味着鱼类的捕获量已经大于鱼类的繁殖量，渔业资源再生能力受抑制，长此下来渔业资源会衰退。最大限度的捕捞量则意味着不能再增加渔获量了，否则就是捕捞过度。

现在的捕鱼船越造越大，捕鱼技术也越来越先进。捕鱼公司的船队夜以继日地在海中探寻，以期找到新的渔场。许多位于海洋食物链顶端的大型掠食性鱼类，如金枪鱼、鳕鱼和鲨鱼等，被大量捕杀，以至于在大西洋等海域中，这些鱼类的种群数量下降了大约 90%。

捕鱼业的可持续发展

然而幸运的是，捕鱼业的现状并非毫无改善的希望。研究表明，实行可持续捕捞策略的话，鱼类种群的总量可以得到恢复。为此，我们需要建立大型海洋保护区——在保护区里禁止捕鱼，或禁止人类对这一区域进行任何形式的有害干预。可持续捕捞同时也意味着我们只捕捞那些人类经常吃的鱼类，太小的、不可食用的或不得出售的海洋动物不应落入捕鱼船的渔网中。建立海洋保护区，非常重要的一点是所有国家应共同参与合作，因为捕鱼业对海洋渔业资源的破坏是不分国界的。

过犹不及

使用巨大的拖网，人类每年都能捕获大量的鱼类和其他海洋生物。

鲑鱼

海滨旅游

许多海滩上经常挤满了来度假的游客，大家或晒日光浴，或在水中嬉戏。

海洋科考

研究人员乘坐英国皇家海军"挑战者号"科考船出海考察，途中发现了许多新物种。

几百年前，人们就有了探索海洋的想法，当时人们绘制了海岸线和近海岛屿的地图。但是直到 1872 年，人类才真正开始了有针对性的海洋探索之旅，此次考察旅行意义非凡。

"挑战者号"科考之旅

"挑战者号"科考之旅的命名来自科考人员乘坐的英国皇家海军"挑战者号"军舰。从 1872 年到 1876 年，这艘载有许多研究人员的大型帆船穿越大西洋、太平洋、印度洋，总共航行了近 13 万千米。科学家们提出了很多问题：海洋有多深？有哪些洋流？海水温度是多少？又有哪些生物在海底嬉戏？此次海洋科考中，研究人员总共发现了 4400 多种新的海洋生物。由于科考期间收集到的数据和样本数量非常庞大，人们花了 20 多年的时间才分析完所有的材料。研究成果最终整理成了 50 卷、共计 29000 多页的调查报告。这是一部真正的杰作！因此，这次科学考察理所当然被视为现代海洋科学考察的基石。

永恒的潜水记录

海洋研究的另一个里程碑是瑞士人雅克·皮卡德与美国人唐·沃尔什在 1960 年创造

"极星号"破冰船

为了能更多地了解海冰内部和海冰之下的情况，德国"极星号"破冰船载着全体船员和科考人员进入冰冻的极地世界，进行为期一年的北极海冰科考活动。

IMO 8013132

POLARSTERN

遥控潜水器

在远程控制下，"旅行者号"遥控潜水器能在海底穿梭。它的正面配有传感器和摄像头。在开展深海探索之前，遥控潜水器首先要在浅水中进行测试。

乌里·昆斯

"亚戈号"载人潜水器

乌里和弗洛里安非常高兴，因为他们能乘坐"亚戈号"潜水器探索海洋。这艘黄色的小潜水器能在水下400米深处工作。

的。他们驾驶着"的里雅斯特号"潜水器成功潜到太平洋的马里亚纳海沟沟底，下潜深度达10916米，真是让人难以想象！今天，马里亚纳海沟的这个深度被称为"的里雅斯特深度"。

"的里雅斯特号"的船体外壳是由德国埃森的克虏伯公司制造的，它看起来像个球，能够承受极高的压力。不过工程师们第一次试铸这个球体外壳时，出现了失误，所以第一次的试验品无法真正投入深海中使用。如今它正陈列在慕尼黑的德意志博物馆中。

现代海洋科学研究

今天，世界各地有许多海洋研究机构。例如，德国有位于不来梅港的阿尔弗雷德·魏格纳研究所（AWI），以及位于基尔的亥姆霍兹海洋研究中心（GEOMAR）。阿尔弗雷德·魏格纳研究所主要研究两极附近海域，而亥姆霍兹海洋研究中心则专注深海探索。此外，海洋研究人员还关注海洋保护、气候变化和海洋污染。来自海洋学、气候学、生物学、地质学、考古学等不同领域的专家每天都在世界各地从事与海洋相关的研究。

水下的高科技

为了更好地探索海洋，人们研发了一系列的先进技术设备，如"亚戈号"载人潜水器等。人们甚至还研发了一些遥控无人潜水器，操作起来跟遥控车很像，研究人员不用亲自潜到深海里，可以远程控制这些潜水器在海底行驶并采集数据。从操作角度来看，深海探索和外太空探索有很多相似之处，即将探测器派往深海或深空去探索人类无法到达的危险环境，科学家团队则在地面进行远程操控。因此，这两个领域的科学家与工程师经常聚在一起，互相学习、互助合作。

➡ 你知道吗？

"极星号"科考船承担极地科学考察任务已经超过30年。2019年，"极星号"启程前往北极，此次科考的目标是通过浮冰漂流区域穿越北冰洋，从而在沿途中收集浮冰及相关水文数据。

海的味道

如果你在海边被巨大的浪花冲倒，不小心吞下了大量海水，那你马上就会尝出海水是咸的。海水中含有多种不同的矿物质，其中的主要成分是氯化钠，也就是我们每天都会吃到的盐，所以海水是咸的。那么矿物质是怎么进入海洋的呢？在雨水和河流的冲刷下，有一部分矿物质从大陆的岩石中溶解出来，然后跟随雨水、河流汇入海洋；有一部分矿物质则是在海底火山喷发期间从地下深处冲入海洋。河流、湖泊和地下水中也含有盐分，但跟海水相比，含盐量相当低。

阳光使海水变咸

海水的含盐量并不是固定的，不同的海域含盐量不同，目前世界大洋的平均盐度为35‰。在炎热地区，由于温度高，海水蒸发量大，大量的水以水蒸气的形式上升到地球大气中，而盐仍留在海里，所以海水的含盐量就增加了。地中海和红海都位于温暖地带，虽然地中海与大西洋相通，红海与印度洋相通，但两条通道都非常狭窄，且相通的海峡内海水很浅，所以海水交换十分困难。在高温和强烈的太阳辐射下，地中海和红海中有大量的水蒸发，但溶解在海水中的盐分没有流失。因此，地中海、红海的盐度明显高于与之相通的大洋。波罗的海与北海相通，但波罗的海的海水盐度低于北海，原因是有许多较大的河流汇入波罗的海，海水被河流的淡水稀释，因此盐度就比较低。

风起浪涌

当风掠过水面，水面就会产生波动。风的强度和持续时间不同，形成的波峰的高度也会不同。发生风暴时，海面上可能会出现巨大的碎浪，它们会在海洋中游荡很长一段距离，在

7小汤匙

盐

一升海水中含有35克盐，大约相当于7小汤匙。

死海

不可思议！

死海不与大洋相通。死海的含盐量极高，因此，死海的浮力非常大，人可以躺着漂浮在死海海面上。要想在死海中潜水，潜水员必须在身上挂上20～40千克的重物，才能顺利下潜。

唐璜池

怎么区分风的大小?

根据风对地面（或海面）物体影响程度可以定出风力大小的等级，这一分级方法最早是英国航海家弗朗西斯·蒲福提出的，所以又称"蒲福风级"。"蒲福风级"早期主要用于海上风力大小的分类，从 0 级到 12 级，共分 13 个等级，是蒲福根据他毕生所学和亲身经历总结出来的。0 级表示无风，此时海面风平浪静；12 级表示飓风，此时海上骇浪滔天，空中浪花飞溅，甚至会对陆地动植物及建筑造成巨大破坏。自 1946 年以来，人们又对风力等级作了扩充，增加到 18 个等级，且同时适用于地面和海面。

知识加油站

▶ 唐璜池是世界知名的超级咸水池。

▶ 唐璜池很小，且非常浅。迄今为止，到过唐璜池的人非常少，因为它位于南极洲且被划定为保护区，只对相关科研人员开放部分区域。

▶ 唐璜池盐度非常高，即使在 -20℃ 的严寒条件下，唐璜池也不会结冰。

蒲福风级

通过观察房屋、烟雾、旗帜、树和海面，我们可以看出风的强度有多大。

无 风

风级：0
低于 1 千米 / 时

微 风

风级：3
12 ～ 19 千米 / 时

疾 风

风级：7
50 ～ 61 千米 / 时

飓 风

风级：12
118 ～ 133 千米 / 时

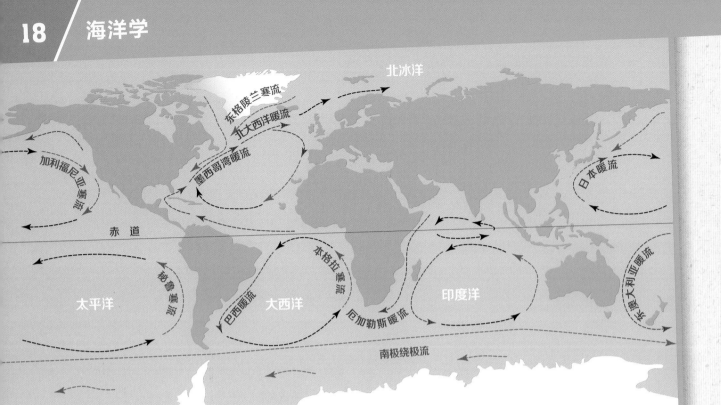

加利福尼亚寒流
东格陵兰寒流
北冰洋
北大西洋暖流
墨西哥湾暖流
日本暖流
赤道
秘鲁寒流
太平洋
本格拉寒流
巴西暖流
大西洋
厄加勒斯暖流
印度洋
东澳大利亚暖流
南极绕极流

————▶ 暖 流　　　　————▶ 寒 流

大海中的洋流

世界主要洋流在北半球顺时针流动，在南半球则逆时针流动。这些洋流的流动也会影响天气。

洋流——
大洋传输带

　　大海从来不会真正静止。即使海面看起来风平浪静、无风无波，海面下也依然有缓慢运动的洋流。乘坐潜水器下潜到海底深处时，在下潜的过程中，潜水器里的人就能注意到海水的温度和盐度会发生变化。温度低、盐度高的海水密度大，会往底部下沉；而温度高、盐度低的海水密度小，会往顶部上升。在大西洋北部，由于冷风的到来和冰的形成，冬天海水的温度急剧下降、盐度则会增加，因此表层海水会缓慢下沉。来自温暖地区的水流入后，同样会再次降温下沉。由此就形成了洋流循环。冷水能下沉到海底，在那里水流以低速扩散成一个宽广的水层。经过很长一段时间后，它才回到海洋表面，并在再次下沉之前结束第一次循环。海洋研究人员将这种世界范围内的大水量运输称为洋流。

哎呀，滩涂消失了！

　　在德国北海的滩涂上漫步时，人们可以观察到明显的洋流运动。游客们每天有两次机会，可以穿着橡胶靴或赤脚在海床上行走——但是，请注意时间，一定要及时返回，以免因海水涨潮而受惊。一般海床完全露出后大约 12.5 小时会涨潮，海平面会上升，几乎整个滩涂地带都会被海水淹没。退潮时，海平面会重新下降。此时，原先停泊在小港湾里的船只便仿佛停在陆地上，海豹则在沙洲上休息。

月 球

潮起潮落

　　由于月球引力和地球自转，在月球正下方，地球上的海水受月球引力大于离心力，所以靠近月球这端的海水会隆起上涨，导致潮汐期间的水位不同。在地球的另一边，背对月球的海水受到的月球引力小于受到的离心力，所以远离月球的海水隆起上涨，因此也会涨潮。

北极的食物链

地球上几乎所有地方都有食物链存在，生活在同一地区的生物往往都能通过吃与被吃的关系联系起来。食物链的起点通常是植物，植物可以从太阳光中获取能量。

硅藻

浮游动物

北极鳕鱼

环斑海豹

北极熊

这些壮观的水流运动被称为"潮汐"。它的形成跟宇宙天体——主要是太阳和月球有关，其中影响较大的是月球对地球的引力，地球上海洋中的水被引力拉向月球。与此同时，地球在不停自转，海水的流动方向也会跟随地球的转动而改变。地球自转引起的海水流动方向的改变，与被月球引力引起的海水涨潮、落潮的变化，一起影响了岸边海水水位的变化。

来自海洋的暴风雨

海洋储存了大量的热量。这些热量会随着洋流运动而扩散到世界各地，并在很多地方再次释放出来。在风的推动下，墨西哥湾暖流流向北美海岸形成了北大西洋暖流，并继续延伸到达挪威和冰岛海岸。由于暖流带来的热量，这里的海水几乎不会结冰，而在同一纬度上的格陵兰岛和加拿大沿海地区，因为寒流的原因，则十分寒冷，海冰就很常见。然而，海水温度较高可能也会带来一些危险。如果水温超过26.5℃，大气易发生对流，并在高空形成巨大

的云——进而形成热带气旋，引发巨浪、持续降雨甚至大风等极端天气，破坏性极大。

圣诞时节没有鱼

洋流发生变化时，会对陆地上的气候和各种生物产生重大影响。以南美洲西岸的秘鲁寒流为例，通常情况下，这股洋流会引起海洋深处寒冷的海水上升，冷水上泛带来了大量营养物质。如果秘鲁寒流减弱或不运动，浮游生物将因为无法找到食物而死亡，最终导致食物链崩溃。浮游生物通常是鱼的食物，而鱼又是海鸟和海豹的食物。如果没有浮游生物，这条食物链中的其他动物都会受到影响。这种自然现象会不定期地发生，并引起世界性的变化：一个地方干旱无水，另一个地方却洪水泛滥。由于这种现象总是发生在圣诞节前后，且在秘鲁当地对渔民的最直接影响就是无法捕到鱼，所以渔民给这种现象起了一个西班牙语名字，叫"厄尔尼诺"。

有趣的事实

小黄鸭

1992年，一艘货船在北太平洋上遭遇强烈风暴，船上一个装满黄色塑料玩具的集装箱坠入大海。在接下来的几十年里，世界各地的海滩上竟然不时会出现引人注目的小黄鸭大部队，小黄鸭的行踪为科学家研究洋流走向提供了线索。其中，部分小黄鸭的漂流距离长达25000多千米！

浅海地区

带上潜水镜、浮潜器和脚蹼，我们就能潜入水中，观察迷人的海底世界。海底的岩石在微弱的阳光下闪闪发光。如果运气好，还会碰到庞大的鱼群在我们身边游动，或者看到神奇的小动物在海床上飞掠而过。浅海地区与陆地紧密相连，雨水将泥土冲到河里，河流把淡水和沙子带入小海湾，海浪又会激起海底的泥沙。由于这种影响，沿海水域的地貌可能会发生明显变化。有时，洋流会把海底的沙子冲到某个特定的地方，形成浅浅的沙洲。第四纪冰期有些地方被冰川覆盖，冰川融化后在那里形成了深深的峡湾——这些峡湾非常狭窄，两岸陡峻，能深入遥远的内陆。在德国北部的北海，有一个非常特别的地带——北海滩涂，那里每天会经历两次被海水淹没又重新变干的过程。乍一看它像是个灰色的淤泥平原，滩涂上生活着螃蟹、海螺等众多"居民"，也是许多鸟类的重要栖息地。

色彩缤纷的珊瑚礁

赤道附近温暖的热带水域中物种丰饶，其中珊瑚可以说是浅水区最勤劳的建筑师之一。珊瑚由数以千计的个体动物——珊瑚虫和水螅体组成。许多珊瑚共同生活在一起，形成巨大的群落，再发展成各种壮观的珊瑚礁。珊瑚的外形多种多样，有呈圆形、杆状、鹿角状的，还有表面非常光滑的，珊瑚的色彩更是瑰丽无比。

每个微小的珊瑚虫都能在底部产生石灰质，从而推动整个珊瑚礁的生长。如果你认为小小的珊瑚虫只会建造小小的房子，那么事实会让你大吃一惊。珊瑚在地球上已经存在了数亿年，有的珊瑚礁有着数百米厚的石灰层，它们在山脉的形成过程中沉积在宽阔的岩石层中，甚至直接构成了整个岛屿。例如，环礁实际上跟海底火山有关，海底火山喷发形成火山岛屿，火山岛屿外部的珊瑚不断向水面上生长，而火

海床漫步

在海床上漫步时，我们会担心泥地把脚弄脏。其实，我们脚下的海床上有众多欢腾的生命在嬉哈打闹。小心翼翼挖开淤泥，我们才会看到滩涂里藏着许许多多的动物：沙虫、贝类和螃蟹都会令你惊奇不已。

海底草甸

这片海底草甸是海龟和海牛的重要食物来源。

五彩缤纷的世界！

珊瑚礁是地球上生物多样性最丰富、色彩最缤纷的栖息地之一。

不可思议！

由于板块运动，地球上有些地势低的地方可能会隆起形成高大的山脉。亿万年前曾经一度是海床的地方，有的现在已经成了高山。阿尔卑斯山曾经就是海底，因此，我们现在能在海拔几千米的高山上发现珊瑚礁的化石！

山岛屿内部则沉入海中，最后剩下的是一圈珊瑚礁——这正是由小小的珊瑚虫建造而成的！

水下森林

靠近海岸的浅水区通常阳光明媚，且富含营养物质，这些营养物质通常来自陆地上的河流、海岸边的土壤以及洋流运动的上升流。在海洋上层，植物能将太阳光转化为能量，这个过程就是光合作用。因此，植物是海洋食物链的基础，海底甚至还生长着森林！

大型褐藻可以长到数米高，形成一个物种丰富的栖息地。这里生活着各种各样的蜗牛和海胆，它们以藻类为食，但它们同时也是鱼和螃蟹的食物。这里的食物链顶端生活着海豹和掠食性鱼类。在海洋的其他地方，我们还能看到大型植物，例如位于波罗的海的大叶藻海底草甸。另一方面，红树林生长在陆地与海洋交界的中间地带，是陆地向海洋过渡的特殊生态系统。这些树能扎根在咸咸的海水中，因为它们在进化过程中已经很好地适应了这种环境。

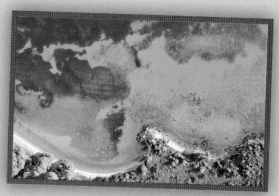

海岸侵蚀

由于风、海浪和潮汐的作用，海岸线会被一点点侵蚀——因此，海岸线一直在不断变化。

海底森林

巨藻是非常高大的水下藻类，能长到30多米。巨藻可以形成一片广袤的海底森林，就像陆地上的热带雨林一样，巨藻形成的海藻林是众多海洋生物的家园。

深海——
生机勃勃的黑暗国度

海平面以下200至1000米深的海域又被称为"弱光层"，弱光层上方是有阳光照射的"透光层"，下方则是黑暗的深海。深海水压巨大，而且非常寒冷，温度在–1℃至4℃之间。这样的生存环境对于人类来说很难受，但即使是在这样寒冷高压的黑暗国度，依然存在着各种各样的生命！由于阳光不足，从弱光层开始几乎就没有可以进行光合作用的植物。为了能够存活下去，深海里的动物必须等待一些食物从天而降，或者成为凶猛的捕食者，吃掉生活在同一层的生物。深海其实是食肉动物和食腐动物的王国！

冷 光

尽管阳光无法到达深海，但这里并不是一个完全黑暗的地方，因为有许多深海生物能发光！这种生物光是化学反应产生的，通常呈蓝绿色，而且温度低。夏日夜晚草地上发着光的萤火虫总能吸引人们驻足观赏，自然界更壮观的灯光秀则是辽阔的海面上的点点荧光，海上荧光的光源主要来自单细胞藻类和细菌。深海中也有会发光的生物，深海动物可以通过特殊的荧光信号来寻找配偶进行交配，或者使用头部或尾部的发光器官来吸引猎物，然后把它们吃掉。巨口鱼就很会利用自身的发光优势，它是少数可以发出红色荧光的鱼之一。发光的巨口鱼就像拿着手电筒在寻找猎物，而猎物们根本不知道自己身处危险之中，因为它们无法感知红光。

特别的婚姻

在动物王国里，鮟鱇鱼的交配方式可以说是独一无二的。当雄鱼和雌鱼相遇时，体形小得多的雄鱼会立即附到雌鱼身上，并且终身相附至死！在这个过程中，雄鱼的身体逐渐和雌鱼的皮肤融合到一起，靠雌鱼的血液来维系生命。

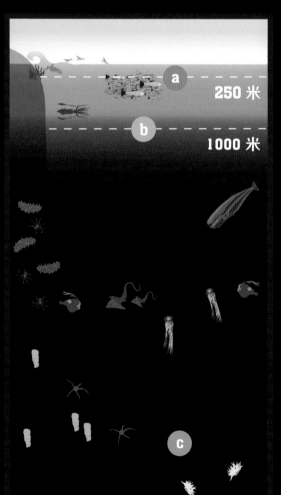

250 米

1000 米

潜入深海

阳光只能到达水下几百米的海洋上层 **a**，从海平面以下1000米处开始 **b**，海洋下就是一片漆黑，那里是深海居民的住所。海洋中最深的海沟，深黑超过11000米 **c**。

黑暗中的绿洲

在大洋中脊沿线的许多地方，海水会被压进深深的裂隙中，并渗入高温洋壳深处，由于火山活动，海水会受热升温。水中还会携带自地壳中溶解出来的金属化合物。升温后的海水温度可以高达 400℃，再从海底裂隙喷涌而出。喷发的高温海水冷却时，水中携带的矿物质会溶解开，与周围的海水混合后使海水变色，看起来就像正在冒烟的烟囱，因此海底热液喷发时也被叫作"海底黑烟囱"。

海底热液喷口周围的环境比较温暖，因此形成了一个独特的热液生物圈。这里的生物能与海水中的化合物共同生活，其中一些化合物是有毒性的，但有些嗜高温细菌甚至需要它们才能存活！海底热液生物圈的生命基础是化能自养细菌，它们通过氧化热液中的硫化氢和甲烷产生能量，供虾类、鱼类、蟹类等使用。这个过程十分复杂，但却为特殊物种提供了宜居条件，一些非常少见的贻贝、蛤、虾、管状蠕虫等大规模地在海底热液周围定居，而在地球上的其他地方很难找到它们的踪影。

受威胁的栖息地

迄今为止，人类才探索了海洋中很小的一部分。但现在人们已经了解到，海底蕴藏着丰富的石油、天然气以及稀有矿物和金属，这些是制造电动汽车、手机、电脑等电子设备的重要资源。但在深海采矿会破坏我们尚不了解的海洋生物的栖息地。因此，保护面积辽阔的海底世界对保护海洋生物多样性十分重要。

管水母

这种奇怪的生物是由多个异形个员组成的组合体，这些个员像我们身体的各个器官一样，具有捕食、保护、感觉、生殖等各种不同的功能。

黑烟囱

这些看起来像黑烟的东西是高温热液，其中含有各种金属化合物，与周围海水混合后看起来就是黑色的。

管状蠕虫

在黑烟囱周围，生活着数以千计的管状蠕虫。

远离海岸的水域——公海

地球上的海洋是互通的，所谓的沿海水域和深水区其实是密不可分的。但是我们要限制人类对海洋资源的开发与利用，包括捕鱼、采矿等行为。一般来说，必须界定各国进入海洋的边界。因此，人们在海图上绘制了全世界公认的边界线。领海是距离陆地 12 海里内的海域。紧接着是专属经济区，其范围是距离海岸线 200 海里内的海域。专属经济区的边界就是国际水域起始的地方，被称为公海，地球上的海洋绝大部分区域都属于公海范畴。这片广阔的海洋生物栖息地被视为人类的共同财产，因此需要得到特别的保护。

动物自然是不会在乎人类设定的边界的。它们在大海里自由地游弋，或者随着洋流迁徙。

众所周知，灰鲸和座头鲸都会进行长途迁徙，它们通常在极地附近水域度过夏天，并在那里吃饱喝足。在营养丰富的极地海域的冷水中，它们能找到成群结队的鱼和磷虾，并在冬季来临前饱餐一顿，然后踏上归途。母鲸常常在赤道附近的温暖水域产下幼崽。

一些小动物也会有迁移活动，但主要是上下垂直移动。无数的浮游生物在 200 至 400 米深的黑暗水域中度过白天，因为在那里不容易被掠食者发现。在临近日落时，它们会游到水面吃东西——以此降低自己被掠食者吃掉的风险。这种海洋中的垂直迁移活动可能是地球上最大规模的动物迁移，且每分钟都会随着太

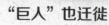

"巨人"也迁徙

座头鲸以长途迁徙而闻名，它们主要在极地海洋和热带地区之间移动。座头鲸妈妈通常会在热带地区的水域产下幼崽。

公海

这张图直观表明地球上大部分海域其实都属于公海。海洋中的动物在那里有广阔的活动空间。但对人类来说，浩瀚无垠的海洋给海洋管理带来了很大挑战，海洋覆盖的区域太大，人们几乎不可能完全对其进行监管。因此，在公海上经常会出现这样的情况：大量鱼类在未经许可的情况下被捕捞，进而导致海洋生物多样性受到威胁。

☐ 大 陆
☐ 专属经济区
☐ 公 海

大捕捞

深海捕鱼往往采用拖网渔船。利用渔船上巨大的拖网，渔民一次就能捕获大量鱼类。

阳的运行轨迹发生新的变化，而人类对这一点几乎毫无察觉。

海底山脉

海底山脉是人类尚未探索的领域。它们从深海中耸立而起，有的高度可达几千米，但不会高出水面。这些地带通常孕育了许多小生命，许多动物可以在海底山脉的岩石表面定居，因海底山脉而改道的洋流能促使深海中的营养物质上涌。一些海底山脉的山峰非常高，距离水面仅几米。在这里的光照区，甚至生长着广袤的海藻森林，而这些森林恰恰是众多海洋动物的家园。

海上争端

公海不属于任何人。但不幸的是，如今公海正因人类活动而面临重大威胁。

渔船跑到公海上就能不受控制地撒网捕鱼，大型矿业公司则计划着去公海海底采矿，这些人类活动会威胁到深海和海底山脉的独特环境。为了保护公海这块重要的海洋生物栖息地，许多科学家和自然保护组织都呼吁建立大型海洋保护区，在此区域内不允许从事海洋开发活动。然而，想利用公海发财的公司和国家则持反对意见。各国关于海洋开发的争端很可能会继续下去。

遭受威胁的海葵

深海中生活着众多不为人熟知的动物。在海床上采矿可能会导致海葵等生物灭绝。

不可思议！

2014年，一条大白鲨从南非游到澳大利亚，然后又独自返回！研究人员在大白鲨身上安装定位装置，以此来跟踪研究大白鲨的迁徙路线，发现这条鲨鱼仅仅花了9个月就在非洲和澳大利亚之间转了一圈。它游了足足20000千米！

海底世界

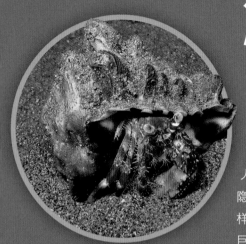

寄居蟹

这种海底生物寄居在螺壳中，它强壮的螯就像一把大剪刀，可以用来抓取食物和封锁住处的入口。

地球表面大约71%的区域被水覆盖。水面可以一览无余，但更多的秘密隐藏于水下。我们对海底世界了解多少呢？迄今为止，人们其实只研究了一小部分。但很显然，海底隐藏着壮丽的景观。海底不像游泳池的池底那样，光滑平整又单调乏味。海底有高低起伏的巨大山脉，纵横分布的峡谷和深不见底的海沟，还有活跃的海底火山和广阔的海底平原。大量的动物和植物在海底自在栖息生长。这些生活在海底或海床附近的生物又被称为"底栖生物"。典型的底栖生物有比目鱼、螃蟹、贝壳、蜗牛和蠕虫。而这些生物恰恰又是鱼类和其他大型海洋动物的重要食物，这些大型海洋动物通常生活在海床上方的自由水域中。

海底探索

探索海底的方法有很多种。例如，我们可以自己潜水或乘坐潜艇开启水下探索之旅。为了能更好地掌握海底的全貌，研究人员经常使用侧扫声呐和多波束回声测深仪。这些设备的工作原理是向海底发射声波，然后测量声波到达海底并返回到水面所需的时间。最后通过计算机处理数据并分析出海底的外貌，这样就能直观地看出海底是一马平川还是丘陵起伏，以及海床上是否长满了海藻、珊瑚。

海底处处是宝藏

海底深处隐藏着许多宝藏，包括大量古船残骸甚至是沉没的城市。它们纷纷讲述着过去

知识加油站

▶ 目前来自世界各地的科学家共同设定了一个目标——在2030年前绘制出公开的完整且非常准确的全球海底地形图。

▶ 借助这张全球海底地形图，我们能更好地了解海洋和海底，从而更好地应对海洋环境破坏、气候变化和不断增加的海底采矿等挑战。

多波束回声测深仪

一艘海洋考察船向海底发送声波。紧接着计算机就会根据接收到的信号数据创建出海底世界的图像。

海 底

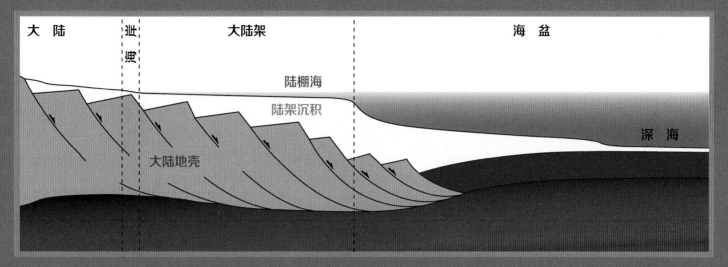

図中标注：
大 陆　　　　　陆地　　　大陆架　　　　　　　海 盆

陆棚海

陆架沉积

大陆地壳

深 海

陆棚海

陆棚海的底部是由大陆地壳构成的，因此尽管这里被海水冲刷淹没，这里通常仍被认为是陆地的一部分。

的故事，帮助研究人员了解曾经的人类在海上和海边的生活。此外，海底还有各种珍贵的资源——包括稀有金属、可燃冰、锰结核，还有大量的沙子和砾石。现在，我们越来越需要这些原材料，来制造飞机、汽车、智能手机甚至筑起整座城市。因此，未来人类将会大力开发海洋资源。

可燃冰

可燃冰大多储存在水深大于 300 米的深水沉积物中。它是由水和甲烷在高压低温条件下形成的。可燃冰燃烧时可以产生能量，能为人类未来的能源供应做出贡献。据科学家估计，地球上储存的可燃冰将能够满足人类至少 1000 年的能源需求。然而，可燃冰燃烧后会产生二氧化碳，大量使用可燃冰的话会对地球气候产生负面影响。

完美的伪装术

比目鱼生活在海底，它扁平的身体已经完美适应海底环境。

大西洋

大西洋是仅次于太平洋的世界第二大洋。大西洋面积约9336万平方千米，大部分位于西半球，并将欧洲、非洲与美洲大陆分隔开来。大西洋及其附属海约占海洋总面积的25%。大西洋是世界上交通最繁忙的大洋，它连通着美洲和欧洲，沿岸有几十个国家，蜿蜒曲折的海岸线上遍布城市和海港。大西洋平均深度3597米，最深的地方是位于中美洲的波多黎各海沟，这里的深度超过9200米！此外，大西洋拥有丰富的矿产资源和鱼类资源，所以具有重要的经济意义。

峡 湾

墨西哥湾暖流带来了温暖的海水，因此像挪威这里的峡湾和港口在冬天也不会结冰。

墨西哥湾暖流

墨西哥湾暖流是北大西洋西部最强盛的暖流。它从加勒比海出发，横跨大西洋，直达北欧，输送的水量超过了世界上所有河流的总和。这股温暖的洋流携带了巨大的能量，给欧洲带来了相对温和的气候。因此即使在冬天，挪威西海岸的所有港口都始终不会结冰。

墨西哥湾暖流带来了什么？

墨西哥湾暖流对大西洋的动植物世界有着重大影响。因为墨西哥湾暖流带来了大量的浮游生物。浮游生物由各种微小的动植物组成，它们很难自行移动，而是漂浮在水中。浮游生物是许多海洋动物（如鱼、海豹和鲸）的食物，可以说它们虽渺小却滋养了整个海洋。不幸的是，墨西哥湾暖流也运输了大量塑料垃圾，有些垃圾是从航行的船上掉入海洋的，有的则是从河流中被冲入大西洋的。

北美洲 欧洲 亚洲

非洲

南美洲 大洋洲

墨西哥湾暖流

墨西哥湾暖流简称"湾流"，是地球上最大、流速最快的洋流之一，其携带的海水特别暖和。如果没有它，欧洲的平均温度会下降5～10℃。

➡ 你知道吗？

大西洋拥有众多附属海，例如北海、波罗的海、地中海等，曾经北冰洋也被列入其中。不过，现在研究人员认为北冰洋是地球上最小的一个独立的大洋。

深邃的裂缝和巍峨的山脉

　　板块构造说认为全球可分为六大板块。这些板块漂浮在地幔软流圈上，类似海上的浮冰。美洲板块和欧亚板块每年以大约 2 厘米的速度分开，这在冰岛的史费拉大裂缝中表现得最为明显。史费拉大裂缝正好位于两个大陆板块之间的接缝处，臂展够长的人潜到水下后可以一只手触摸美洲，另一只手触摸欧洲。当两个板块分开时，板块下方的软流圈的岩浆就会喷发出来。炽热的液态岩浆碰上冰冷的海水，就会变成固体熔岩，并形成新的海床，大西洋中脊就是这样形成的。这条巨大的海底山脉位于大西洋中部，绵亘大约 15000 千米，少数山脊露出洋面形成岛屿，如亚速尔群岛、冰岛等。大西洋中脊整体呈 S 形延伸，大部分山脊距洋面2000 ～ 3000 米。

举世闻名

　　"泰坦尼克号"是迄今为止世界上最著名的沉船，它静静地躺在大西洋海底。1912 年，这艘豪华游轮在纽芬兰南部撞上了一座冰山，然后沉入大西洋底 3000 多米深处。1985 年，美国水下考古学家罗伯特·巴拉德发现了这艘沉船。著名导演詹姆斯·卡梅隆曾凭借电影《泰坦尼克号》获得多项大奖，他也曾多次亲自乘坐潜艇探索这艘沉船。

"泰坦尼克号"

　　这艘游轮船长约 270 米，拥有四个硕大的烟囱和三个巨大的螺旋桨，曾被骄傲地称为"永不沉没的巨轮"。

史费拉大裂缝

　　要想在横亘于美洲板块和欧亚板块间的史费拉大裂缝中潜水，潜水者需要穿着厚厚的潜水衣，这里的海水温度非常低。

神秘的世界

　　大西洋中脊位于大西洋中部，在美洲和非洲之间。这里是一个个山高谷深的奇特海底世界。你知道它还隐藏着什么秘密吗？

印度洋

璀璨的小珍珠

马尔代夫位于印度洋中部，仅高出海平面一点点。

印度洋是紧随太平洋和大西洋之后的世界第三大洋。它的面积约为7492万平方千米，印度洋大部分海域位于南半球，主要在亚洲、非洲、大洋洲和南极洲之间。印度洋约占海洋总面积的21%，平均深度3711米。印度洋最深的地方是印度尼西亚的爪哇海沟。这条海沟全长2250千米——大概相当于北京到云南的距离，最深处深度超过7700米！

未知之地

撒雅德玛哈浅滩位于印度洋中部，马达加斯加以东。这是一个非常巨大，但几乎不为人知的浅水区，其面积约为40800平方千米，相当于半个重庆。该地区靠近赤道，生物群落十分丰富，动植物种类繁多。尽管如此，我们对这个地区还不太了解。数百万年前，那里是岛屿，岛上是崇山峻岭。然而，由于地质作用，岛屿开始不断下沉，直到某一时刻它从海面上消失。

大约500年前，一群来自葡萄牙的航海家驶过蓝色的印度洋，突然看到了船的龙骨下有众多的绿色海藻，于是便发现了这个神秘的浅滩。

勇敢的探险家

印度洋位于印度半岛南面，所以被称为印度洋。数百年前，为了进行商业贸易和探索异域风情，探险家们沿着蜿蜒崎岖的海岸航行。在这个过程中，印度尼西亚人发现了马达加斯加，并定居在了那里。除了马达加斯加这个岛之外，印度洋上还有无数大大小小的岛屿，其中最著名的是塞舌尔群岛、毛里求斯和马尔代夫。对于许多游客来说，这些海岛是度假天堂，因为无论是海岛本身，还是环绕着海岛的海洋，都有独一无二且蔚为壮观的景象，因此也就不难理解为什么每年都有成千上万的游客来此度假了。

水 母

水母是地球上最古老的生物之一。它们已经在海洋中生活了大约6亿年，且外形几乎没有发生任何改变。水母是真正的生存艺术家！

潜水天堂马尔代夫

马尔代夫位于印度西南岸外的印度洋中，由 19 组珊瑚环礁的 1200 多个小岛组成，特别受潜水爱好者的欢迎。岛上全年气温在 28℃ 左右，海水更是温度宜人。如果你潜入海中，就可以观察到色彩瑰丽的珊瑚礁和各种大大小小的水下"居民"，如橙白色的小丑鱼。小丑鱼主要生活在海葵中，因为海葵能保护它免受捕食者的攻击，而小丑鱼也能保护海葵免受捕食者的入侵。

水下还有各种悬崖、峭壁和洞穴，色彩鲜艳的海绵和软珊瑚如装饰品般挂在这些地方。如果运气好的话，你还能看到蝠鲼、海鳝、乌翅真鲨、海龟，甚至鲸鲨。然而由于这些岛屿仅高出海平面 1 米左右，因此当海平面缓慢上升时，马尔代夫就会受到很大影响。

海 盗

索马里海盗臭名昭著，他们一次次地袭击过往船只。

小心海盗!

今天，无数的船只航行在印度洋上，航运把欧洲、非洲和亚洲连接了起来。150 多年前建成的苏伊士运河在这点上发挥了重要的作用。正是有了它的存在，船只可以直接从地中海航行到红海。红海是印度洋的附属海。索马里就在红海与印度洋相接处，经过这里时一定要多加小心，因为海盗会不断攻击过往的船只，抢夺船上的财物或绑架船员索要赎金。这跟加勒比海盗在几百年前的所作所为非常相似。

▶ 你知道吗？

潜水天堂

在马尔代夫温暖清澈的海水中，潜水者可以享受一个梦幻般的海底世界。

太平洋

太平洋是世界上面积最大、最深和岛屿最多的大洋！太平洋南北最大长度约 15900 千米，从美国、俄罗斯一直延伸至南极洲；东西最大宽度约 19000 千米，从美洲大陆一直延伸到澳大利亚和东南亚。太平洋总面积约为 1.8 亿平方千米，约占海洋总面积的 50%。太平洋是如此巨大，大到能容纳所有大陆。它的面积甚至比月球表面积还要大！与此同时，太平洋的海水总容积达 7 亿多立方千米，容纳了地球上超过一半的水。位于太平洋西部的马里亚纳海沟是地球上最深的地方，最深处为 11034 米。

"太平洋"的由来

"太平洋"这个名字源自拉丁文，意为"平静的海洋"，是著名的葡萄牙航海家斐迪南·麦哲伦取的。1520 年，这位航海家在环游世界的旅途中到达了太平洋。由于那里长达 100 天都未曾有过一丝微风，于是他就把这片海洋用拉丁语"Mare Pacificum"命名了，翻译成中文就是"平静之海"。然而，这个名字非常具有误导性，因为太平洋上也会出现强烈的风暴。根据地区的不同，太平洋上的风暴的名称会有所区别：西北太平洋上空的风暴叫"台风"，东北太平洋上空的风暴叫"飓风"，而南太平洋上空的风暴则被称为"气旋"。

数不尽的岛屿……

无数的小岛就像针头一样，从这片浩瀚的"水之荒漠"中冒了出来。直到今天，研究人员仍在努力弄清太平洋上究竟有多少座岛屿。数据在 1 万至数万之间摇摆——因为要看沙洲、岩石和珊瑚岛是否也算作岛屿。

不可思议！

如果你想找地球上最孤独的地方，位于南太平洋的尼莫点是最佳选择。距离尼莫点最近的陆地也在约 2700 千米之外！因此，尼莫点成了回收航天器的最佳场所，从 1971 年到 2016 年，一共有超过 260 艘航天器坠落在那里。当然，这些航天器里面是没有机组人员的。

环太平洋地震带

热如火山

环太平洋地震带是一个特殊的地带，围绕太平洋，呈马蹄形、全长约 40000 千米。因为板块的上下移动和碰撞，这里频繁出现火山爆发和剧烈地震，进而引发强烈海啸。

岛屿的发现者

为了寻找新的大陆，大约从公元前 1500 年开始，第一批人类就冒险进入了看似无边无际的太平洋。他们很可能乘坐适合远洋航行的双壳独木舟和简单的三角帆，从东南亚启航，驶向大海。他们在数千千米外发现了许多岛屿，这些岛屿现在被称为美拉尼西亚群岛、密克罗尼西亚群岛和波利尼西亚群岛。由于当时没有如今先进的导航定位系统，所以第一批居住在太平洋群岛上的人必定是真正的航海大师，因为他们仅仅依靠星星、风、海浪和洋流就能判断出海上的航行方向。

▶ 你知道吗？

在 21 世纪之前，已经有 12 个人登上了月球，但只有 2 个人曾经到达过地球最深处——马里亚纳海沟底部。1960 年，雅克·皮卡德和唐·沃尔什乘坐深海潜水器"的里雅斯特号"，抵达 10916 米深的马里亚纳海沟底部。此后的 50 多年一直没人挑战这个地球最深处。直到 2012 年，詹姆斯·卡梅隆才乘坐"深海挑战者号"深潜器再次在马里亚纳海沟坐底。2020 年，中国载人潜水器"奋斗者号"载着科学家成功坐底马里亚纳海沟，深度为 10909 米，顺利采集大量珍贵的深海水体、沉积物、岩石和生物样本。

深海潜水器"的里雅斯特号"

波拉波拉岛

波拉波拉岛是海底火山喷发后形成的，全岛由一个主岛与周围环礁所组成。洁白的沙滩、湛蓝的海水、色彩斑斓的珊瑚，让它成为全世界观光客心中的度假胜地。

极地海洋

北冰洋和南大洋分别位于地球上的两个寒冷地区——北极和南极。它们的共同点是：海水非常冷，表层水温在 –2℃左右；冬季的北冰洋和冬季的南大洋上都覆盖着厚厚的海冰。北极地区是被众多大陆所包围的一片海洋，而南极则是巨大的南极洲大陆，被南大洋包围。

北冰洋

北冰洋的面积达 1475 万平方千米，是地球上最小的大洋。它通过欧洲的挪威海和弗拉姆海峡与大西洋相通，弗拉姆海峡位于格陵兰岛和斯匹次卑尔根群岛之间，其深度超过 5 千米。在北冰洋的另一侧，海水经白令海峡流入太平洋，白令海峡很浅，水深只有约 50 米。冬季时，北冰洋大部分地区都会出现极夜现象，这意味着很长一段时间太阳都不会升起。因此，生活在北冰洋表层海水中的动植物必须适应这片海域的极端环境。

世界上最大的"河流"

南大洋也叫"南冰洋""南极海"，它没有明确的边界，目前一般将南纬 60° 以南的海域都视为南大洋。南大洋的面积约为 2000 万平方千米。巨大的南极绕极流是南极大陆周边的主要洋流，它受到南极海域盛行西风的影响。这股全球性环流输送的水量是世界上所有河流总流量的上百倍！从美洲大陆南端到南极半岛的最短航道是德雷克海峡，海峡总长约 800 千米。然而，德雷克海峡在航海家心中却是臭名昭著的航道，因为这里终年狂风怒号，常常巨浪滔天，凶险万分。

来自大海的食物

在极地地区，可供动物觅食的植物数量稀少，且大多非常矮小。因此，对于生活在南极和北极的大多数生物来说，其主要食物来源是海洋。在南极，鲸和企鹅主要以小型甲壳类动

北极地区

北极点

极地地区

对于极地的边界问题，有多种不同的定义。但极地海洋有一个共同的特点，冰在这里扮演着重要的角色！

ANTARCTICA

南极点

北极熊狩猎

这头北极熊妈妈抓到了一只肥美的海豹，这将是她和孩子的一顿营养大餐。厚厚的海冰为北极熊的捕猎提供了有利条件。在水里行动敏捷的海豹上岸后动作就比较笨拙，而北极熊只有吃掉富含脂肪的海豹，才能在冰天雪地中存活。

物（即磷虾）为食。磷虾经常成群结队地出现，它们主要以浮冰下的微小藻类为食。生活在北极海域的海豹喜欢吃各类鱼、虾和蟹，但它们也会被北极熊猎杀。有的海豹一生都在冰上度过，它们喜欢在浮冰上休息。

正在消融的冰

全球气候变暖严重威胁到北冰洋和南大洋的生态环境。海洋科学家用计算机模拟得出的结果是，未来短短几十年内，北极可能会出现无冰之夏。而南极目前虽然还有很多冰，但从卫星地图上可以看到这些冰也正在慢慢消失。现在南极冰盖每年大约会损失 2500 亿吨冰，相当于一个边长为 6000 多米的巨大方形冰块，简直让人难以想象！冰的消融会给极地动物造成严重影响。北极熊抓不到海豹，缺乏食物将会让它们走向灭绝。企鹅找不到足够的磷虾，就无法很好地哺育后代。只有全人类共同努力，积极应对气候变化，才能保护好这些生活在极地地区的动物。

冰的种类

在极地地区，我们可以在海面上看到两种不同类型的冰。海冰是在寒冷的海面上形成的，厚度可达数米。冰川冰是从陆地上的冰舌处断裂开来形成的。冰川是多年的积雪不断堆积压实而形成的，由此产生的冰山可达数百米高，但冰山的主体部分一般都藏在水下，只有一小部分露出水面。

海 冰

冰川冰

稀奇古怪的
海洋生物

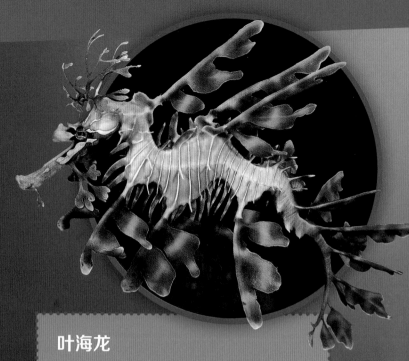

海洋是地球上最大的生物栖息地。很久很久以前，地球上最早的生命就是在海洋中诞生的。即使到今天，海洋中的动植物也都在不断适应新的生存环境。有些生物有着惊人的生存能力，它们能在海洋中的各个角落定居。

叶海龙

叶海龙是地球上最稀奇的鱼之一，它看起来甚至根本不像鱼！它的外形让人联想到一块被撕破的海带。叶海龙生活在澳大利亚南部的沿海水域，非常善于伪装。即便有潜水者向它靠近，它也不会逃走，并坚信自己不会被别人发现。叶海龙是海马的近亲，它有一个长长的管状吻，能迅速吸食水中的小虾或蠕虫，速度快如闪电。而猎物们往往无法识破叶海龙的伪装术，因此它们根本意识不到自己正处在危险之中。

鼓　虾

鼓虾是海洋中的"火枪手"，虽然它的体长只有几厘米，但千万不能靠它太近哟。鼓虾的大螯非常厉害，能够发射出威力巨大的"空气子弹"。大螯轻轻一合，就能发出超高分贝的声响，声波会在水中激起一股高速水流，高速水流所经之处会形成一串微小的低压气泡。高速水流经过后，海水水压恢复正常，气泡就会破裂，并在瞬间产生高温，温度可达好几千摄氏度！通过这个武器，鼓虾不仅能抵御敌人的侵害，还能杀死猎物。但是，当它遇到同伴时，这个小小的"火枪手"通常会表现得非常友好。鼓虾主要生活在太平洋中，如巴拿马的太平洋沿岸。

白　鲸

白鲸集中分布在北冰洋，它们可能是海洋中声音最洪亮的鲸。事实上，它们一直都在唱歌、鸣叫和吹口哨——目的是与同伴进行交流，同时也在观察周围环境和寻找猎物。

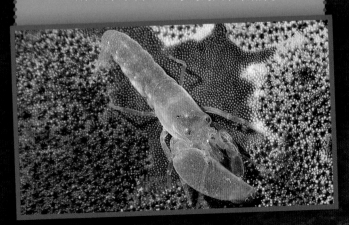

绿叶海蛞蝓

绿叶海蛞蝓是真正有"超能力"的海洋生物——可以说，它以阳光为食！美国缅因大学奥罗诺分校的研究者发现，绿叶海蛞蝓能通过进食海藻吸收叶绿体，并盗取藻类的基因嵌入自己体内，使自己具有"光合作用"的功能。自然界中的叶绿体仅存在植物体内，可以通过光合作用将阳光转化为能量。

由于这些"绿色发电厂"可以不断地从阳光中提取能量，所以在没有食物的情况下，绿叶海蛞蝓也能存活好几个月。这种动物主要生活在大西洋北部，例如美国东部沿海。

澳大利亚箱形水母

澳大利亚箱形水母，别名"海黄蜂"，是地球上毒性最强的动物之一，主要生活在澳大利亚东北沿海水域。澳大利亚箱形水母有许多触须，每根触须上都有许多毒囊，它利用触须来捕捉小鱼小虾。由于澳大利亚箱形水母是透明的，所以当它们出现在混浊的水中，人们很难发现，而一旦人类触碰到这种水母后果会很严重，它的强大毒素一旦侵入心脏很快就会酿成伤亡事故。

雪人蟹

在太平洋复活节岛以南约 1500 千米的海底热液口附近，人们经常能看到一种白色的"螃蟹"——雪人蟹。它们的身体和螯上覆盖着长长的绒毛。这种动物是"瞎子"，它们很有可能是以寄生在自己身体上的细菌为食的。由于研究人员很少关注雪人蟹，所以我们对这种动物所知甚少。但它们的名字很贴切。

© Ifremer/Alexis Fifis

不可思议！

成年格陵兰睡鲨体长可超过 5 米，但是它的成长速度非常缓慢。新的研究表明，生活在北极寒冷水域中的格陵兰睡鲨，寿命也许已经超过了 400 年！因此，这种"冷酷的巨兽"可能是地球上最长寿的脊椎动物。

黑唇青斑海蛇

纽埃是位于太平洋中南部的一个岛国，也是地球上最小的国家之一。在这个岛国的沿海水域中，生活着一种漂亮的带状海蛇，它们被当地居民称为"黑唇青斑海蛇"。跟大部分海蛇一样，这种海蛇体内也含有剧毒，但它们只有在面对敌人或受到刺激时才会咬人。纽埃附近的水域是黑唇青斑海蛇的唯一栖息地，这样的物种也被称为地方性生物。

处于 危险之中的海洋

如果人类捕鱼数量过多，导致海洋中某种鱼类种群过少，无法通过繁殖补充种群数量，那么这种捕捞行为就是"过度捕捞"。过度捕捞会导致被捕捞的鱼数量越来越少，最终走向物种灭绝。越来越多人喜欢吃鱼，所以出海捕鱼的渔船也变得越来越大。如今部分海域中超过一半的鱼类资源都在被过度捕捞。

有的国家经常忽视有关捕鱼的科学建议，这导致某些鱼类种群数量锐减。落入渔网中的不仅有渔民想要的鱼类，还经常有副渔获物。其中一部分可能是较大的掠食性鱼类，如鲨鱼或剑鱼，也可能是挂在渔网上最终窒息而亡的海龟或海豚。大拖网造成的破坏特别严重，有的拖网上挂着沉重的链条，当拖网拖过海床并搅动时，会直接摧毁海葵、海绵、珊瑚等固着生物的栖息地。

海洋中的塑料垃圾

塑料是我们日常生活中不可或缺的一部分。家具、汽车、自行车、轮船甚至飞机上都有塑料的身影，塑料跟我们的生活息息相关。很大一部分塑料最终会流入大海。据统计，目前每年约有 1000 万吨塑料进入海洋！而塑料进入海洋的途径也是五花八门，有的是被船只倒进海洋，有的是被河流冲入海洋，有的是被大风从垃圾场吹走然后进入海洋，还有的是被粗心的人直接扔进海洋。大部分塑料在大风、海浪和太阳辐射的作用下变得越来越小，直到最后只有几毫米大小，几乎看不见。这种小小的微塑料会下沉并最终抵达深海，并对那里造成巨大的破坏。海洋中的动物和鸟类经常把这些微塑料颗粒当作食物误食。我们吃的鱼体内也可能含有微小的塑料颗粒。

不可思议！

全球范围内，每分钟大约会售出 100 万个 PET（涤纶树脂）塑料瓶。而每个这样的 PET 塑料瓶都需要大约 450 年的时间才能分解！

被塑料绊住

塑料和渔网经常会把不在捕捞范围内的鱼类，即螃蟹、鸟类和海洋哺乳动物死死绊住，导致它们无法靠自己的力量挣脱。

随波逐流的垃圾！

垃圾随着水流在海中四处流散，有的沉入海底，有的被海浪冲上沙滩。

水中的污染物

随着人类造船质量的提高，油轮事故造成的海洋石油污染在减少。然而，来自工业生产和农业生产的不易看见的物质造成的损害，却给海洋带来了更严重的影响。汞、锡化合物以及杀虫剂等工厂、发电厂排放的化学物质通过污水和船舶进入河流或海洋，这会给海洋中的生物造成严重伤害。海蜗牛可能因此无法繁殖，海鸟产下的蛋可能变得更小、更脆弱。此外，对于大型动物来说，这些化学物质也会带来各种问题。例如北极熊和虎鲸，由于海水受到污染，它们体内的有害物质会不断积累，导致其繁殖能力下降。

肥　料

在农作物的种植过程中，大量的肥料被带到了田间。而这些肥料中的营养物质对周围环境来说是一种永久性的威胁。过量的营养物质会通过雨水渗入地下，与地下水混合，然后汇入沿海水域。这会导致沿海地区的浮游生物、藻类等大量繁殖。因为营养物质过于丰富，所以浮游动物和浮游植物的数量会非自然地急剧增加。浮游生物死亡后，会被细菌分解，在这个分解过程中，会消耗大量的氧气。最终，这块水域成为一个缺氧的死亡区域，许多动物将无法在此生存。波罗的海的部分海域就发生过这种情况。波罗的海与北海的海水交换量很少，农业产生的营养物质在这里聚集，使波罗的海的海水富营养化，近海区域藻类过度生长。富营养物质的传播再次表明，所有海洋都是相互连通的，全世界各个角落要一起承担污染带来的后果。因此，为了更好地保护海洋，所有国家必须行动起来，共同努力。

太平洋鼠鲨 ➤

不幸的副渔获物

渔民会把那些意外落入渔网中的动物再次放归大海，但这些副渔获物被放生后往往很难存活。

藻类 ➤

赤　潮

如果海水中含有过多营养物质，就可能会引发赤潮现象。图中就是我们肉眼可见的赤潮。当藻类腐烂时，会消耗水中大量氧气。

气候变化——无形的威胁

石油、煤炭和天然气等化石燃料都是经过漫长的岁月才慢慢形成的。如今，我们的生活中处处都有这些化石燃料的踪影，火力发电厂离不开煤炭，燃油车离不开石油，房屋里的热水、热灶离不开天然气。这些化石燃料在燃烧过程中会释放二氧化碳（化学式为 CO_2）。大气中原本就有二氧化碳，不过比例很小，仅约0.04%，但它却对地球气候具有决定性影响。在二氧化碳及其他温室气体的共同作用下，部分到达地球的太阳辐射不会被反射回太空，这部分来自太阳的能量就留在了地球上，使地球表面变得温暖。如果没有这种效应，地球上的温度将会降低大约33℃，许多生活在地球上的生物可能会遭受灭顶之灾。但是，由于人类的能源消耗量越来越大，越来越多的二氧化碳积聚在大气中，大气保温效应进一步加强，现在地球正在升温。

"中暑"的珊瑚

全球变暖时，海洋的温度也会升高。这会给海洋生物带来严重伤害。以珊瑚为例，珊瑚本就生活在温暖的热带海洋中，对水温非常敏感。海水的温度一旦升高，珊瑚就会褪色、变白，如果海水持续保持高温状态，许多珊瑚就会死去。珊瑚礁仅占海底的一小部分，但它们是海洋中许多鱼类的家园。此外，气候变化也威胁着其他海洋生命。海底广袤的海藻林也无法忍受不断升温的海水，它们会慢慢死去，直至永远消亡。北极地区是现在受全球变暖影响最严重的地区之一。北冰洋的海冰覆盖面积越来越小，而且海冰也变得越来越薄。海豹主要生活在浮冰上，海冰减少会导致海豹减少，因此捕食海豹的北极熊可能会找不到食物，并在不久的将来濒临灭绝。

"酸味十足"的未来

当积累在大气中的二氧化碳与海水接触时，二氧化碳会溶解，生成碳酸。就像在饮料中添加二氧化碳会使其略带酸性一样，海洋中溶解大量二氧化碳会导致海洋酸化。对于珊瑚、贝类等钙化生物来说，海洋酸化会影响它们的正常生长，对它们的生存构成严重威胁。珊瑚、

冰雪大融化

在过去的几十年里，北极海冰在迅速消融。也许不久之后，北极海冰就会在夏季完全消失。

1980

2012

严重的后果

今天，生活在北极地区的北极熊已经率先遭受气候变化带来的危害。未来，还有许多其他生物也会不得不参与到因气候变化而带来的生存环境的恶化的抗争中来。

珊瑚白化

珊瑚白化是因为共生藻类的离开或死亡，才导致它呈现白色❶。相反，健康的珊瑚礁会呈现明亮的彩色❷。

贝类等的碳酸钙外壳会被腐蚀——这一原理在我们的日常生活中有很常见的应用，在清洁厨房和浴室时，我们经常使用醋酸清洁剂或柠檬酸来去除水垢，水垢的主要成分就有碳酸钙。如今已经有很多动植物深受海洋酸化的伤害，有代表性的如牡蛎、海胆、海螺等。由于海水的酸性越来越强，这些海洋生物的碳酸钙外壳正变得越来越薄，越来越小，它们的身体变得越来越脆弱，生存能力大不如前。由于海洋酸化会影响多种不同的生物，海洋研究者们一致认为，这种情况对整个海洋食物链及海洋生物的栖息地构成重大威胁。

气候正反馈机制

一些国家正试图改用风能或太阳能等可再生能源，以此减少二氧化碳的排放。这样的行动要尽快得到落实，因为目前全球变暖的状况并没有得到改善。近年来，全球变暖的速度在加快。原因可能在于"气候正反馈机制"，气候变化朝着变暖的方向加剧发展。随着北极的冰层融化，原来黑暗的水下变得明亮清透，水面不再像白色的冰面那样将太阳辐射反射出去，而是吸收了更多的热量。同时，在本就温暖的地区，随着海洋表面水体进一步变暖，海水蒸发量变大，越来越多的水蒸气进入大气。而与二氧化碳相比，水蒸气是一种保温效应更强的温室气体，会加剧大气保温效应。

海平面上升

与空气相比，水可以吸收的热量更多。人类活动导致气候变化产生的大部分热量都储存在海洋中。目前为止，海洋已经吸收了超过90%的人类活动产生的额外热量！如果没有海洋，气候变化的速度会更快，对地球上的生命影响也将更大。一般情况下，液体受热时体积会膨胀，海水也是如此。海水想往下沉会受到海床的限制，因此当冰块融化后，海水会向上涌，导致海平面升高。太平洋中的很多环礁或者像马尔代夫这样的低海拔岛国，未来可能都会因海平面上升而被海水淹没。

正反馈

冰雪犹如一面镜子，将太阳辐射迅速反射到大气中。然而，由于全球变暖导致海冰融化，深色的海水浮现出来甚至是地表直接裸露在外，那么太阳辐射就会被吸收，最终的结果就是这些地区进一步升温。

化石燃料

石油、天然气和煤炭燃烧时会产生二氧化碳，而二氧化碳增多会导致地球大气保温效应增强，全球气候变暖加剧。

来自海洋的危险

伫立海边，看着海浪，眺望远方海天相接处，这种感觉对很多人来说是美妙的，大海可以让人的内心平静下来。但大海不会永远风平浪静，海洋中也蕴藏着种种危机。这其中有些是自然灾害，有些则是人类自己造成的危险。

海啸是人类可能遇到的最具破坏力的自然灾害之一。当海底发生强烈地震时，大量海水突然聚集到一个地方，这预示着海啸即将来临。当海底地壳做上升或下降运动时，海面上就会出现波峰和波谷。在辽阔的公海上，海浪通常只有1米高。但一旦海啸靠近海岸，由于那里的水比较浅，前方的海浪撞到海滩会回撤，后方的海浪还在前赴后继地朝前扑，层层海浪就会叠起来，形成与房屋一样高的巨浪。最后这股巨浪会猛扑向海滩，甚至可以在陆地上前进好几百米，并以摧枯拉朽之势横扫一切。2004年12月26日，印度尼西亚苏门答腊岛附近发生了一场非常强烈的地震，进而引发了印度洋海啸。这次海啸掀起的海浪甚至冲到了5000多千米外的非洲索马里。据统计，这场灾难中的遇难者人数超过29万。为了保护沿海地区人民的生命和财产安全，现在许多容易发生危险的地区都建立了海啸预警系统。

长期以来，人们一直认为，突然出现的疯狗浪只是老水手讲述的海外奇谈，实际上根本不存在。直至1995年，关于这种疯狗浪的科学证据才出现，它也被称为"畸形波"。当时，挪威海一个石油钻井平台上的传感器记录了一波26米高的巨浪，简直令人难以置信！从那时起，人们一直在研究疯狗浪。它的具体形成原因跟多种因素有关，天气、洋流都在其中起到了一定作用。科学家估计，在世界各大海洋中，每时每刻都会有10~20个巨浪在同时翻滚。2001年，在阿根廷海岸附近，德国"不来梅号"游轮被35米高的巨浪击中，差一点就不幸沉没了。

疯狗浪

迄今为止，人们还没有拍到关于疯狗浪的非常清晰的照片。但无论如何，疯狗浪都比人们已知的大浪高出不少。

渺小的灯塔

在海洋与陆地相遇的地方，人们能清晰地感知到水的力量是多么强大。巨大的灯塔跟大海比起来显得非常渺小和微不足道。

海 啸

发生海啸时，冲击波会不断撞击浅海海岸。在这个过程中，海浪被堆积成数米高的水墙。汹涌的巨浪会瞬间淹没沿海地区。当海水再次退回时，海岸上的人、动物和其他各种物体都可能会被卷入遥远的大海。

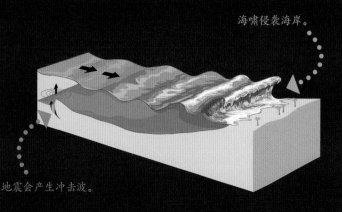

海啸侵袭海岸。

地震会产生冲击波。

渔网

滴答作响的"定时炸弹"

据估计，有超过 1 万艘含有危险物质的沉船正躺在我们的海洋中生锈。大多数沉船残骸都来自第二次世界大战。这些沉船就是"定时炸弹"，因为它们迟早会解体。然后，沉船上的数百万升的石油和其他污染物就可能进入海洋，并污染海水。对许多动植物来说，这是件非常危险的事情。

仅在德国，分布在北海和波罗的海海底的弹药大约就有 160 万吨。如果将这些弹药全部一字排开装到货运列车上，这列列车的长度将达到 3000 千米，可以把波罗的海沿岸的基尔与罗马连接起来。弹药在咸咸的海水中慢慢生锈，并将其中有毒的、可能危害动植物健康的物质释放到周围环境中。

"鬼网"

被弃置海中的无主渔网也被称作"鬼网"，它们漂浮在海上或挂在旧沉船上，对许多海洋生物来说，鬼网是很危险的存在。鬼网不仅能困住鱼，还会将鲸、海豹、海龟以及偶尔潜水捕食的鸟类给缠住。无意丢失或故意抛弃的渔网会继续无休止且毫无意义地"捕鱼"。这些在海底摇曳的鬼网要经过 400 ~ 600 年才会腐烂，并最终给海洋带来塑料污染。

风眼

热带气旋

热带气旋发生在海洋上空，形成原因大多与温暖海水造成的大气对流有关。热带气旋的中心是云淡风轻的平静区域，被称为"风眼"。

灯塔

保护 海洋

严格监管

几年后，海洋保护区内可能会再次出现庞大壮观的鱼群。

在人类开始大肆捕捞、推动全球变暖并用塑料及其他有害物质污染海水之前，海洋究竟孕育了多么庞大丰富的生命系统？这个问题的答案对今天的我们来说很难想象。

仅在过去的 50 年里，大型海洋动物的数量就减少了将近 50%。因此，在今天的海洋中，海龟、鲨鱼和金枪鱼已经少了很多。在过去的几个世纪里，由于捕鲸业的蓬勃发展，一些鲸类被捕捞殆尽，有些种类的鲸几近灭绝。弓头鲸就曾深受商业化捕鲸的伤害，即使之后人们已经在想办法保护弓头鲸，但直到今天，其种群数量仍未恢复正常，而北大西洋露脊鲸也只剩下大约 300 条。所以，未来我们要努力为动植物和人类创造健康的生存环境。为此，我们必须给大自然休养生息的时间和空间，让地球上的生命所处的生活环境具备自我恢复和调节的能力，最好能恢复到人类严重干预大自然前的模样。

保护区

要想让海洋从过度开发和持续污染的现状中得到喘息之机，最好的方法是建立海洋保护区。在海洋保护区里应全面禁止捕鱼、海底采矿及石油钻探。迄今为止，只有少数区域真正得到了保护，某些海洋保护区内甚至允许继续捕鱼。自然保护组织呼吁，为了使海底世界保持健康，到 2030 年，至少要有 30% 的海域得到全面保护。

然而，每个国家都有自己的利益考量，例如，有的国家想继续捕鱼，有的国家想开发海底矿藏，有的国家想从海洋中获得一些工业生产的原材料，大家无法达成共识。迄今为止，

弓头鲸

弓头鲸的繁殖能力不强，目前仍面临物种灭绝的危险。

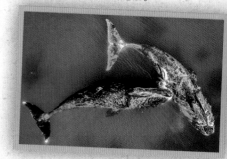

海洋保护区

直到今天，仍然只有一小部分海洋得到了很好的保护。在所谓的禁捕区，真正做到了彻底不允许捕鱼。自然保护组织呼吁，到 2030 年，至少要有 30% 的海洋能以这种方式得到全面保护，以便这些敏感脆弱的栖息地恢复往日生机。

还没有任何国际海洋保护机构能制定出所有国家都遵守的统一规则。但是只有在相关海洋保护机构的帮助下，我们才能更好地保护海洋。

气候变暖何时休？

气候变化也给海洋生物的生存带来了严重威胁。为了减少二氧化碳、甲烷等大气保温气体的排放，我们必须迅速采取措施。最理想的情况是，我们的能源供应可以不再依赖煤炭、天然气和石油，而是使用可再生能源。

日常生活中，我们可以在出行时节约化石燃料，减少二氧化碳的排放。此外，肉类和其他动物产品（如牛奶和奶酪）的生产需要大量能源。全球每分钟都有大约 30 个足球场面积大小的森林被破坏掉，开垦出来的土地主要用于种植饲料作物或者被开发成牧场。另外，数十亿头的家畜，如猪、牛和鸡，也会产生大量推动气候变暖的气体。如果全球的人都能做到不浪费粮食，也将有助于减缓气候变暖，从而减轻对海洋的不良影响。

威德尔海

威德尔海是南极洲边缘海，面积 280 万平方千米。不久后，它将成为地球上最大的海洋保护区。但是有的国家反对这个保护区计划，因为他们想从威德尔海中获取大量的鱼和磷虾。

大西洋鲑鱼

大西洋鲑鱼（又叫三文鱼）是一种非常受欢迎的可食用鱼。但由于过度捕捞，野生大西洋鲑鱼已经十分稀少，目前市面上常见的大西洋鲑鱼主要是人工养殖的。

我能做什么？

1. 鱼

如果你要买鱼，自然保护组织的鱼类购买指南将会为你提供帮助。指南中会清晰指明哪种鱼尚未被过度捕捞。鱼的生长是需要时间的，人类吃太多会让鱼来不及成长。

2. 洗护用品

许多洗发水和化妆品都含有微塑料，但现在已经有一些对环境比较友好的、无塑料替代品。请尽量选择环境友好型洗护用品，毕竟这些物质都会通过排水管进入自然水域，最终流进海洋。

3. 塑料袋

购物时应随身携带购物袋，避免使用塑料袋。在购买散装水果和蔬菜时，你可以尽量选择不带塑料包装的产品。

4. 自然保护

如果你愿意的话，还可以支持一下相关的自然保护组织。

➡ 你知道吗？

只有不到百分之一的海洋垃圾漂浮在海面上，大部分海洋垃圾都已经沉入海里甚至海底，我们无法轻易把这些垃圾打捞出来。

海洋的未来

海洋面积占地球表面积三分之二以上。海洋是地球上最大的生态系统，也是无数鱼类、鸟类和其他动植物的栖息地。海洋为人类提供了丰富的食物，并在全球气候调节中扮演着很重要的角色，因为它能产生氧气，同时吸收大量二氧化碳。然而，海洋面临的最大危险来自人类。今天，保护海洋已经比以往任何时候都要迫切。

海平面上升——不可避免的威胁

未来将继续困扰我们的一个重大问题是：海平面在持续上升。而且由于人类已经排放了大量的温室气体，在未来好几个世纪内，海平面仍会继续上升。

科学家根据计算机模型预测，如果不采取强有力的节能减排措施，在短短 300 年后，海平面可能会整整上升 5 米。对生活在沿海地区的人们来说，海平面上升背后是巨大的危机。不仅海拔低的岛屿——如印度洋中的马尔代夫会身处险境，其他岛屿——如位于德国北海的哈里根群岛也同样会受到威胁。

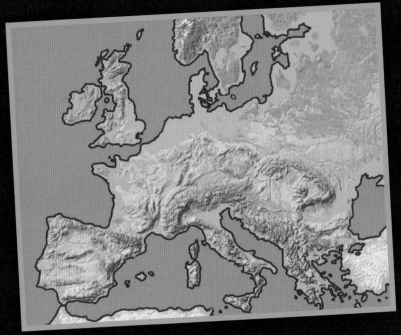

海平面上升

如果全球平均气温上升 5℃，海平面将大幅上升，这会导致许多沿海地区的环境发生变化，很多地方将不再适合人类居住。

海洋的扩张和萎缩

随着时间的推移，海洋的大小会发生改变，有的会扩大，有的甚至会消失。现在，大西洋仍在不断扩大，因为熔岩从大西洋中脊的裂谷中不断涌出，进而推开了海底山脊两侧的海床。美洲和欧洲之间的距离平均每年增加两厘米左右。另一方面，太平洋板块潜入四周相邻板块的下方，并不断下沉。因此，太平洋正在变得越来越小，甚至可能在数百万年后消失。

▶ 你知道吗？

到 2050 年，平均每年可能有 3 亿人的生活会受到洪水的影响。因此，世界各地的研究者正试图回答这个问题：气候变化导致水位上升的速度有多快？其强度又有多大？

未来

在未来，我们是否会在大海中建造可供人类生活的海上城市呢？建筑师们已经绘制了初步的蓝图。

海洋中的能源

海洋中蕴藏着人类难以想象的巨量能源，可以说是取之不尽、用之不竭。在风、潮汐和洋流的作用下，大量的海水一刻不停地运动着。从这些大自然运动中，我们可以获取能量。例如，我们可以建造干净清洁的潮汐发电站，从而代替会对环境产生破坏的火力发电站，以及可能带来核泄漏危机的核电站。

海洋发电是非常环保的，因为这种发电方式既不会产生二氧化碳，也不会产生其他对环境有害的物质。然而与风能和太阳能相比，人类对海洋清洁能源的开发和使用才刚刚起步。我们仍有很多困难需要克服，但专家们在其中看到了未来的巨大机遇。

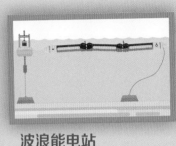

很久以前，古希腊人和古罗马人就建造了水力磨坊，懂得利用水力代替人工来做一些繁重的工作。在未来，水力发电可能依然会发挥非常重要的作用。

波浪能电站

海洋中大大小小的波浪中蕴藏着巨大的能量，而在波浪能电站里主要是利用波浪的动能来发电。

洋流发电站

洋流发电站是以洋流的能量为动力发电。它就像大风车一样，矗立在大海中央——只有轮子在水下不停转动。

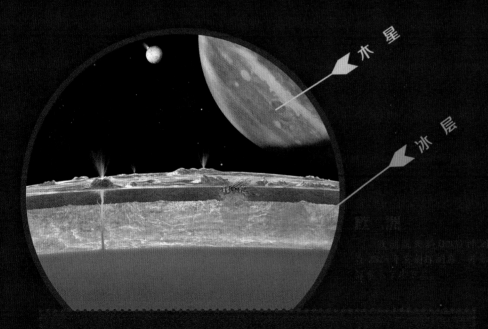

木 星

冰 层

地外星球上的海洋

一些探索地外生命的科学家认为，其他行星上可能也存在着海洋。他们猜测，木卫二是太阳系中最有可能存在海洋的地外星球，它是木星众多卫星中的一颗。木卫二的表面温度约为 −150℃，但是藏在冰层下的液态水可能比地球上的还要多。研究人员认为，木卫二上的海洋深度可达 100 千米。哪里有水，哪里就有生命。因此，科学家们正在计划探索木卫二这颗被冰封的星球。为此，他们专门建造了穿冰探测器。这种探测器能融化数千米厚的冰，并深入冰层下方的海洋。然而，探测器可能要到 2029 年才会抵达木卫二并开始工作。

蝠鲼是非常常见的海洋动物，它在水中优雅地游弋，以浮游生物和小鱼为食。

名词解释

大气层：大气圈的任一层。通常也有将大气圈称为"大气层"的，也就是指包围地球的气体层。

副渔获物：意外落入渔网，但实际上不是渔业捕捞对象的海洋动物。

板块构造说：一种全球构造学说。认为板块是岩石圈的构造单元，全球共分六大板块，而板块间的边界便是洋中脊、转换断层、俯冲带和碰撞带的所在。板块漂浮在地幔上，地幔的温度非常高。

化石能源：生物成因的各类可燃矿物。由古代生物的化石沉积而来，是一次能源。通常包括天然气、石油和煤为代表的含碳能源。

潮　汐：通常指由于月球和太阳的引力而产生的海水周期性涨落现象。涨潮是指潮位由低到高的上升过程，落潮是指潮位由高到低的下降过程。

墨西哥湾暖流：简称"湾流"，是北大西洋西部流势最强盛的暖流。大西洋中巨大而温暖的洋流是维持欧洲气候温和的关键。

公　海：在国家的专属经济区、领海或内水或群岛国的群岛水域以外的全部海域。公海对所有国家开放，任何国家都可以在公海上享有"公海自由"的权利。

全球气候变化：全球范围内，气候平均状态统计学意义上的巨大改变或持续10年乃至更长时间的气候变动。目前，全球气候正在变暖。

珊瑚虫：属于腔肠动物，生活在热带海洋中，身体呈圆筒形。珊瑚虫多群居，结合成一个群体，呈树枝状、盘状、块状等。珊瑚则是由许多珊瑚虫的石灰质骨骼聚集而成的东西。

海洋保护区：海洋中需要得到特殊保护和管理的区域，其目的在于能让某些动物物种数量得到恢复。

微塑料：一种直径小于5毫米的塑料颗粒。微塑料大多来自塑料瓶、塑料袋等塑料制品。

洋中脊：也叫"大洋中脊""中央海岭"，是沿着大洋中线延伸的海底山脉。洋中脊是板块的主要扩张边界，也是新的大洋型地壳不断生长的地方。洋中脊地热热流量较高，地震和火山活动频繁，是地球内部能量的排泄口。

浮游生物：在水中自由生活并随水流移动的生物。浮游生物的个体大小不一，从最小的细菌到直径好几米的水母都属于浮游生物。

正反馈：促进或加强现有影响的机制。例如，由于全球变暖，浅色海冰融化，海洋反射太阳辐射的能力减弱。海冰融化后露出的深色海水会吸收更多的阳光，从而导致海洋进一步升温。

深　海：通常指水深超过200米的海域。深海中越往深处就越黑、越冷。

大气保温效应：大气具有允许太阳短波辐射透入大气底层，并阻止地面和低层大气长波辐射逸出大气层的作用。因可使地面附近大气温度保持较高水平，所以叫大气保温效应。温室效应是大气保温效应的俗称。

海　啸：由海底地震、火山爆发、海底滑坡等引发的破坏性海浪。当地震引起海底地壳上升或下降时，大量泥土和岩石滑入海水中，就会发生海啸。海啸传播到近岸时，因水深变浅等原因，可形成近似直立的"水墙"，破坏性极强。

过度捕捞：在一个海域，如果人类捕鱼数量过多，导致海洋中某种鱼类种群过少，无法通过繁殖来补充种群数量，就被称作"过度捕捞"，过度捕捞会导致渔业资源衰退。

图书在版编目（CIP）数据

海洋之谜 / （德）弗洛里安·胡博，（德）乌里·昆斯著；马佳欣，梁进杰译. — 武汉：长江少年儿童出版社，2023.4

（德国少年儿童百科知识全书：珍藏版）

ISBN 978-7-5721-3759-4

Ⅰ. ①海⋯ Ⅱ. ①弗⋯ ②乌⋯ ③马⋯ ④梁⋯ Ⅲ. ①海洋—少儿读物 Ⅳ. ①P7-49

中国国家版本馆CIP数据核字(2023)第022960号

著作权合同登记号：图字 17-2023-025

HAIYANG ZHI MI

海洋之谜

[德] 弗洛里安·胡博 [德] 乌里·昆斯 / 著 马佳欣 梁进杰 / 译

责任编辑 / 蒋 玲 汪 沁

装帧设计 / 管 裴 美术编辑 / 潘 虹

出版发行 / 长江少年儿童出版社

经 销 / 全国新华书店

印 刷 / 鹤山雅图仕印刷有限公司

开 本 / 889×1194 1 / 16

印 张 / 3.5

印 次 / 2023年4月第1版，2024年10月第6次印刷

书 号 / ISBN 978-7-5721-3759-4

定 价 / 35.00元

策 划 / 海豚传媒股份有限公司

网 址 / www.dolphinmedia.cn 邮 箱 / dolphinmedia@vip.163.com

阅读咨询热线 / 027-87677285 销售热线 / 027-87396603

海豚传媒常年法律顾问 / 上海市锦天城（武汉）律师事务所 张超 林思贵 18607186981

 船的故事
从独木舟到远洋帆船

 飞机的秘密
人类飞行的梦想

 火山探秘
来自地底的火焰

 七大奇迹
上古时期的宝藏

 汽车世界
精彩的汽车发展史

 鲨鱼家族
海洋里的神秘猎手

 百变天气
阳光、风和雷雨

 穿越大自然
探究与保护

 鲸和海豚
海洋里的哺乳动物

 恐龙王国
永远消失的地球霸主

 矿物与岩石
闪闪发亮的宝藏

 爬行与两栖动物
壁虎、林蛙和蟾蜍

 大自然的力量
难以估量的超级威力

 改变世界的电
高电压与超导体

 各种各样的鱼
水下的奇妙世界

 猫的家族
拥有柔软利爪的敏捷猎手

 奇境森林
动物和植物的家园

 忠诚的狗
我们爪子的英雄

 浩瀚宇宙
宇宙的秘密

 狼的故事
走进抱团觅食的明星

 蚂蚁和白蚁
了不起的建筑师

 美丽的蝴蝶
色彩斑斓的自然精灵

 蜜蜂和胡蜂
美味的蜂蜜与可怕的螫针

 潜水的魅力
界入水下的迷人世界

 古老的希腊文明
诸神、英雄和诗人

 古罗马生活
古罗马城的社会百态

 欧洲风情
人口、国家和文化

 骑士时代
城堡、比武大会和贵族女性

 舞动的音符
走进音乐的奇妙世界

 古老的城堡
中世纪的见证

 熊的秘密生活
棕熊、大熊猫、北极熊

 化石档案
生命的痕迹

 奇妙的昆虫
六条腿的生存艺术家

 极地世界
生活在冰雪王国

 神秘的蜘蛛
丝线上的猎手

 大象王国
温和的"巨人"

 海底宝藏
沉没的宝藏

 海洋之谜
海洋研究与保护

 火星登陆
红色星球定居计划

 忙碌的农场
动物、植物与农业机械

 时尚魅影
时尚的古与今

 全球气候
冰期和气候变化